科学能救命

和北极动物一起漂流

[英]费利西娅·劳 [英]格里·贝利 著 [英]莱顿·诺伊斯 绘 苏京春 译

中信出版集团 | 北京

图书在版编目（CIP）数据

和北极动物一起漂流 /（英）费利西娅·劳，（英）格里·贝利著；（英）莱顿·诺伊斯绘；苏京春译 . -- 北京：中信出版社，2022.4

（科学能救命）

书名原文：Alone in the Arctic

ISBN 978-7-5217-4132-2

Ⅰ. ①和… Ⅱ. ①费… ②格… ③莱… ④苏… Ⅲ. ①北极－探险－少儿读物 Ⅳ. ① N816.62-49

中国版本图书馆CIP数据核字（2022）第044659号

和北极动物一起漂流
（科学能救命）

著　　者：[英] 费利西娅 · 劳　[英] 格里 · 贝利
绘　　者：[英] 莱顿 · 诺伊斯
译　　者：苏京春
审　　订：魏博雯
出版发行：中信出版集团股份有限公司
（北京市朝阳区惠新东街甲 4 号富盛大厦 2 座　邮编　100029）
承 印 者：北京联兴盛业印刷股份有限公司

开　　本：889mm × 1194mm　1/20　　印　　张：1.6　　字　　数：34 千字
版　　次：2022 年 4 月第 1 版　　印　　次：2022 年 4 月第 1 次印刷
京权图字：01-2022-0637　　审 图 号：01-2022-1390
书　　号：ISBN 978-7-5217-4132-2　　此书中地图系原文插图
定　　价：158.00 元（全 10 册）

出　　品：中信儿童书店
图书策划：红披风
策划编辑：黄夷白
责任编辑：李银慧
营销编辑：张旖旎　易晓倩　李鑫橦
装帧设计：李晓红

目录

乔的故事

你们好！我叫乔。

我准备为你们讲一个故事。

那是一次真正的探险！

我就站在冰山上。

我一度觉得，再也没办法安全返回基地了。

但是我最后还是做到了！真的！

我成功地生存了下来……

这多亏了科学知识。

当然，这是一个长长的故事。

一想起来，我就好像又回到了那刺骨的寒冷中，所以，各位，请准备好。

我要开始讲故事了……

北极冰架与六个国家和地区毗邻。它们分别是俄罗斯、芬兰、挪威、格陵兰岛[1]、加拿大和美国。

1 译者注：格陵兰岛是丹麦属地。

在短暂的夏季，冰架会变小，但是一到了冬季，当气温开始下降，冰架就会又变大了。

北极在哪里

我要讲的这个故事发生在北极。我想，你们都应该知道那是什么地方，那是地球的最北端，是北极点所在的区域。

那里非常寒冷。目之所及尽是冰与雪。是的，只有冰与雪，几乎没有其他的东西。

北极点的周边并没有大陆，只有海洋和冰山。实际上，北极圈内大部分地区是被冻住的海洋，或者冰盖，而它们保持这种状态已经好多好多年了。

北极地区最大的冰架叫作沃德·亨特冰架。在这里，一块冰就有 11 000 个足球场那么大。但是，随着地球变暖，这里的冰架也开始融化、断裂。

让我想想，你可能会看到一两只海象。海象体形庞大，有着灰色的皮肤，肌肉发达，并且还长着两根长长的牙。那里还生活着海豹、北极狐、雪鸮和北极熊等动物。

这么说来，那里也不只有冰和雪！

海象

竖琴海豹

哪些动物生活在北极

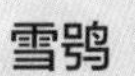

雪鸮

北极狐

北极熊

你是不是有点不耐烦了？
你是不是想继续听故事了？

这个故事是在一场暴风雪中开始的。
你一定不想在暴风雪来临时还站在冰山上。

怒吼的狂风中……
你的耳朵都快要冻掉了……

如烟的大雪里……
你的身体都快要冻透了……

刺骨的寒风下……
你的双手都快要冻僵了……

呵！你现在知道，
那里有多冷了吧！

北极有多冷

北极的冬季非常寒冷，夏季也挺冷的。那里基本上不下雨。偶尔有降水，也是变成雪落下来。雪原上经常是狂风怒吼，看上去就像时时刻刻都在下雪一样。在冬天，温度可能会低至 −40℃，最冷能达到 −68℃。

水的凝固点是 0℃

你知道食物在冰柜或冰箱里有多冷！但是，冰柜和冰箱冷冻室里面的温度其实只有 −18℃左右，在北极，食物可比这冷多了！

要使冰激凌不融化，只要温度不高于 −5℃就可以

我们在回基地的路上，大家排成一队，骑着雪上摩托车跨越冰山，我在最后面。回去的路可真远啊！

突然——咔！嚓！

我面前的冰裂开了！

我拼命大喊，但是没人听到，也没人回头。

雪上摩托车队向前驶去，很快便消失在我的视线中。

我落单了！

我被困在了一块浮冰上，向海洋中漂去。我又孤单又寒冷。

我坐在这块浮冰的边缘，努力思考如何才能在一块冰面上活下来！答案是根本不可能！我必须为自己建造一个容身之处。

能用的只有冰块，因纽特人能在冰面上建房子，我为什么不能呢？

冰山是什么

一座冰山，是一块由水冻成的巨大的冰块，它是从冰川上或者冰架上断裂形成的。一座冰山至少要有 15 米长，并且要比水平面高 5 米以上，体积没这么大的只能称为冰块了。

水面上的部分大约只占整座冰山体积的七分之一

雪屋是如何建造的

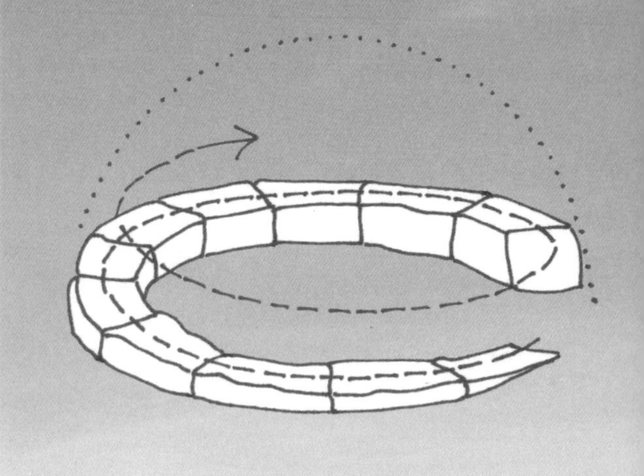

建造雪屋，必须有足够的力气去切割雪块，并把它们摆成需要的形状。

雪屋的样子很奇特，像一个穹顶。它是一个用雪块一块一块摞起来的穹顶。这是一种既轻便又非常结实的结构。

把雪块紧紧地摞在一起，最后再打磨平滑。

有时候，雪屋的入口会加修一个隧道一样的通道，这样开门时，屋里好不容易积攒的热空气就不会跑出去了。

建造雪屋，首选那些经过长期风力作用的雪块，这样的雪块更结实，其冰晶已经牢牢结合在一起。雪块里面有空气，可以形成能帮我们保暖的隔热层，我们才不至于被冻死。

如果我们在雪屋里面点亮一盏小台灯，那它散发出来的微弱的热量，也能使雪块微微融化。这些微微融化后紧接着又被冻在一起的雪块会让雪屋更结实。

雪屋外，温度可能是 −45℃，但是在雪屋里面，你的体温可以慢慢地让屋内温度保持在 −7℃左右。

一座用正确的方法建造起来的雪屋，即使一个成年人站上它的屋顶也不会塌。

建造好的雪屋

我对自己建造的雪屋相当满意，但我的肚子却咕咕叫了好久了。该去哪儿找些吃的呢？

就在这时，我想起了一个当地人常用的方法。他们会在冰面上凿一个洞，然后把固定在鱼线上的鱼饵放进冰洞下面的海水中。鱼一被吸引过来，就用鱼叉把鱼叉上来。

这招真管用。我抓到鱼了！我把鱼切成薄片后吃，味道好极了。

北极有哪些鱼

北极鳕鱼

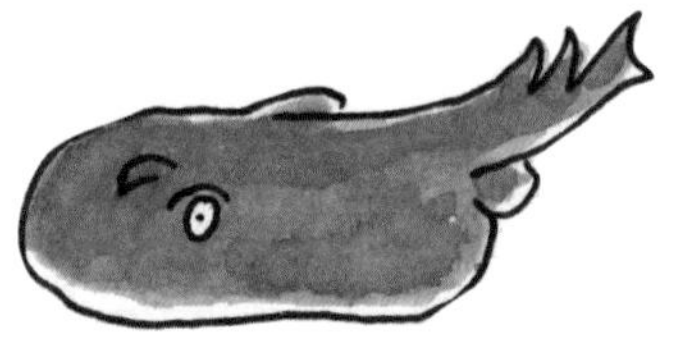

鳐鱼

鲨鱼

比目鱼

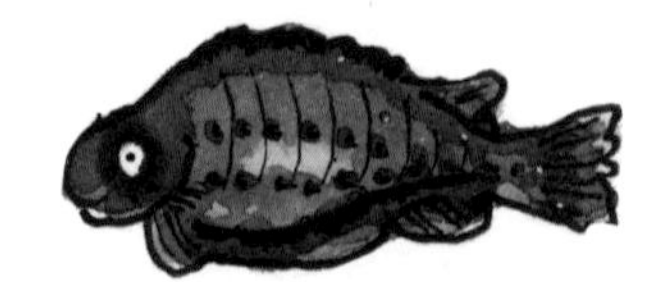

吸盘圆鳍鱼

在冰面上凿一个洞，用跳钩来捕鱼

如何才能抓到鱼

因纽特人有一种捕鱼方法——跳钩（jigging）捕鱼法。捕鱼者会在冰面凿一个洞，然后将用假鱼做成的鱼饵拴在鱼线上，把假鱼放到洞下的水里，再用线牵着它游来游去，看上去就像真鱼一样。那些被假鱼吸引来的鱼，一般在还没咬到饵之前就会被鱼叉叉中了。

谁住在北极

还是有许多人住在北极的，虽然北极圈内非常冷！当然了，那里的生活也非常艰苦，人们要学会各种生存本领。

因纽特人大都生活在加拿大和格陵兰岛。他们的衣服由驯鹿或海豹皮，以及毛茸茸的狼皮或北极熊皮做成，能抵御极度的寒冷。因纽特人靠雪上摩托车穿梭在冰雪世界，我们有时候也叫它雪地摩托车。他们踩着滑雪板或穿着厚厚的雪地靴，这样双脚就不会陷进雪地里了。

萨米人生活在斯堪的纳维亚的北部，他们以前是跟随驯鹿群迁徙的。现在，他们大都已在城市过着现代化的生活了。

在冰面上行驶的雪上摩托车

一个因纽特人家庭

楚科奇人是生活在北极的俄罗斯人。他们经常乘坐一种独木舟去捕猎海象或者鲸。这些独木舟都是把动物皮铺在支架上做成的。现在，他们已经改用摩托船或者雪上摩托车了。

我越来越觉得孤单，好想和人说说话。

并且，我已经开始担心这个漂浮在海上的家了。它开始变得越来越小。这块浮冰已经开始融化了，就像整个北极冰盖上开始融化的冰一样。我的雪屋也在渐渐融化。

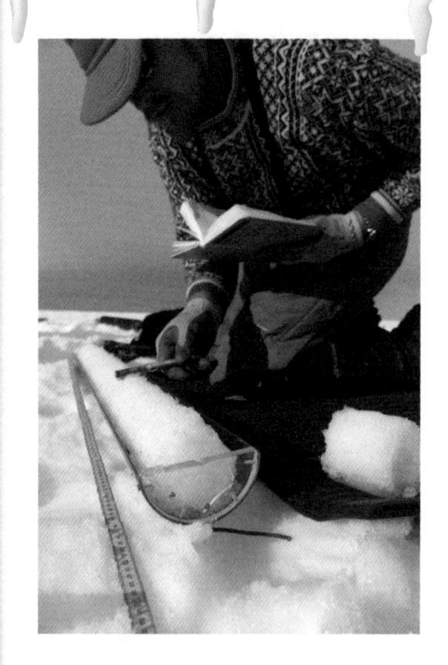

一位科学家正在测量并记录冰芯的尺寸

人类已经为地球变暖忧心了好多年。究其原因，人类燃烧煤、天然气和石油产生的气体进入大气层，还排放破坏地球上空阻挡紫外线的臭氧层的气体。

北极是受到地球变暖威胁最严重的地区。北极冰川已经开始迅速融化，并且有可能在 20 年左右完全融化。

冰盖为什么会融化

冰山融化后的水进入大海将造成海平面上升。可能不久之后，地球上许多地势低的地区将会因海平面上升而被淹没，到时候，土壤流失，我们的家园和庄稼都将遭到破坏。

海洋的变化还会影响天气。上升的海平面将会带来风暴和飓风，随之而来的往往是可怕的洪水和破坏。

1984 年时，北极冰盖是这么大

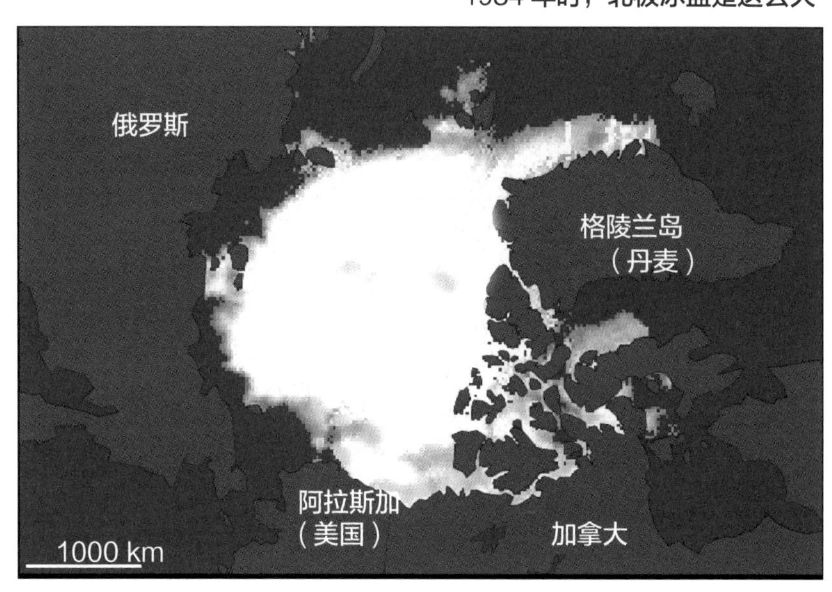

到了 2012 年，一大块冰盖已经融化了

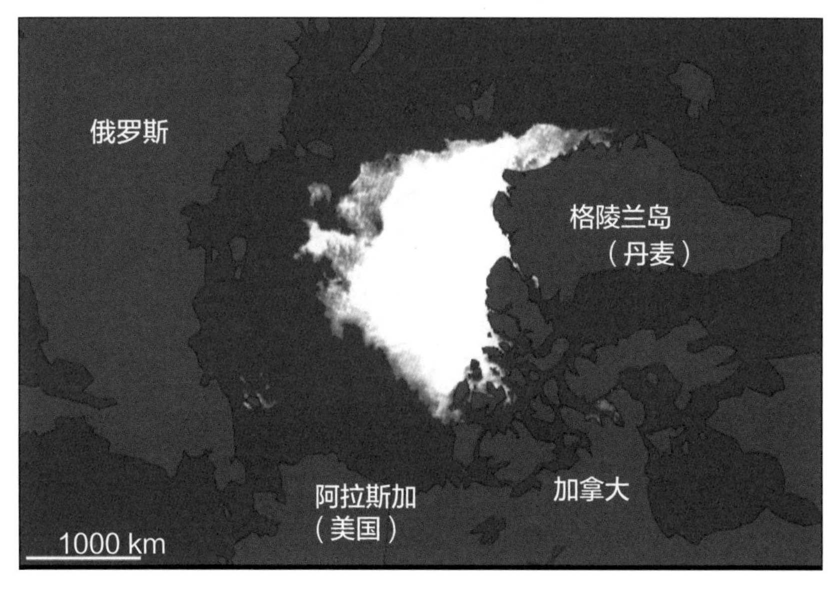

那天晚上，我听到了一种声音——似乎有什么动物在不停地流口水，紧接着冰面颤抖起来。

有什么东西流着口水经过了我的雪屋……我一整晚都没敢去看到底是什么！

第二天早晨，我看到了。

那是一只巨大的、棕色的海象，还长着两根长长的牙。
它正坐在我的这块浮冰上，它的胡须还在抖动着。

我看着这只海象……
这只海象也看着我。

它打了个哈欠，趴在冰块上睡着了。

“太好了！”我对自己说，“现在我有野生动物可以玩儿了。”

一整天，各种野生动物不停地跳到我的浮冰上来。

海豹一家，

两只北极鹅，

一只雪鸮，

还有一只北极熊……

我们就像一家人……

而我的这块浮冰就像一艘大船！

当有船只靠近我的时候，我竟然十分悲伤。

我向那些动物家人挥手告别，或许它们正一边漂向远方，一边隔海对我挥手告别呢。

乔在北极做什么

乔是一个科学家。他已经在北极工作了许多年，是追踪北极温度以及冰山融化情况的科学家中的一员。像乔一样，来自世界各地的科学家，已经在北极建立了科考基地，供他们每年在固定的时间开展工作。

在基地中，他们可以通过气象卫星收集数据，并且观察冰川的运动。他们会记录冰川是如何进入大海的，以及它们进入大海的速度。科学家还知道，那些断裂并且正在融化的冰川会让海平面上升多少。

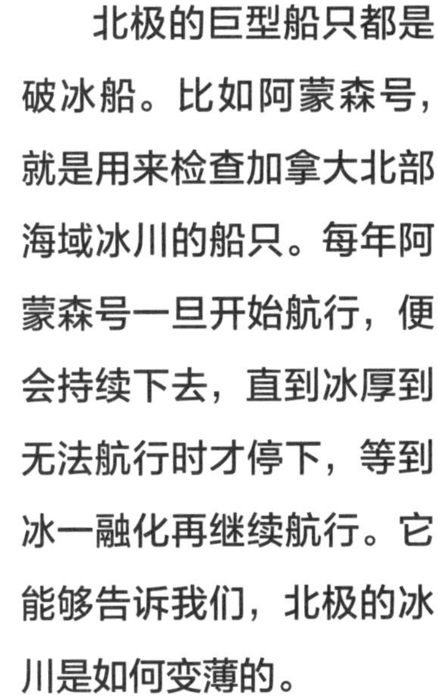

北极的巨型船只都是破冰船。比如阿蒙森号，就是用来检查加拿大北部海域冰川的船只。每年阿蒙森号一旦开始航行，便会持续下去，直到冰厚到无法航行时才停下，等到冰一融化再继续航行。它能够告诉我们，北极的冰川是如何变薄的。

词汇表

暴风雪

暴风雪是一种非常严重的暴雪，往往伴随着强风。它通常能持续几个小时之久，并且会降低能见度。

楚科奇人

楚科奇人是居住在楚科奇半岛以及楚科奇海地区的俄罗斯人。

穹顶

穹顶是一种坚固的建筑结构，外形是空心球体的一半。

冰川

冰川是在极地或高山地区地表上存在的多年积雪，经过压实、重新结晶、再冻结等成冰作用而形成的可以沿着地面移动的天然冰体。

全球变暖

科学家认为，由于温室气体对大气的破坏，地球气候正在变暖。

冰山

当一座冰川或冰架上断裂的部分掉到海里时，这部分就形成了一座冰山。如果我们叫它冰山，那么它至少得有15米长，高出水面5米。

破冰船

破冰船是一种船体经过特殊加固的船，可以在极地冰封的水域穿行。

冰盖

冰盖是指覆盖着广大地区的极厚的冰层的陆地面积。地球上的主要冰盖是南极冰盖和格陵兰冰盖。

冰晶

冰晶是水蒸气直接凝固形成的固态水合物，冰晶是雪花的前身，冰晶不断集合就形成了雪花。

冰架

冰架是指陆地冰，或与大陆架相连的冰体，延伸到海洋的那部分。

雪屋

雪屋是因纽特人用雪块建造的圆形房子。

因纽特人

因纽特人是北极地区的美洲土著人。

跳钩捕鱼

跳钩捕鱼是一种因纽特人的捕鱼技术，它用一条线拴着诱饵，线的末端是一条假鱼。

沃德·亨特冰架

沃德·亨特冰架位于加拿大的北海岸，是北极最大的冰架。它的面积约为443平方千米。

《每个生命都重要：身边的野生动物》

走遍全球 14 座大都市，了解近在身边的 100 余种野生动物。

《世界上各种各样的房子》

一本书让孩子了解世界建筑史！纵跨 6 000 年，横涉 40 国，介绍各地地理环境、建筑审美、房屋构建知识，培养设计思维。

《怎样建一座大楼》

20 张详细步骤图，让孩子了解我们身边的建筑学知识。

《像大科学家一样做实验》（漫画版）

超人气科学漫画书。40 位大科学家的故事，71 个随手就能做的有趣实验，物理学、数学、天文学等门类，锻炼孩子动手、动眼和思考的能力。

《人类的速度》

5 大发展领域，30 余位伟大探索者，从赛场开始了解人类发展进步史，把奥运拼搏精神延伸到生活之中。

《我们的未来》

从小了解未来的孩子更有远见！26 大未来世界酷炫场景，带孩子体验 20 年后的智能生活。